LES SCHLITTEURS ET BUCHERONS DES

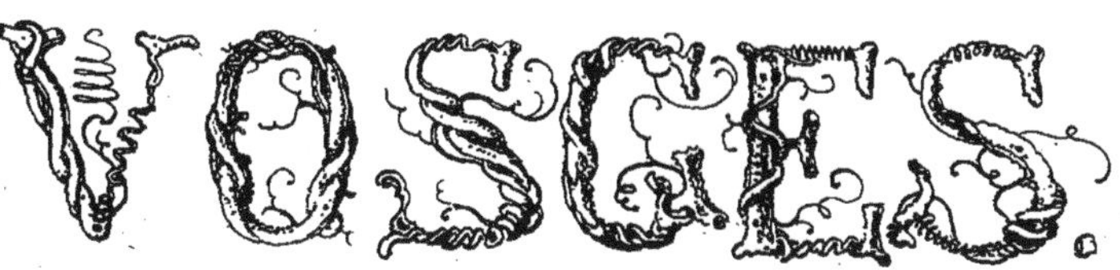

par

Théophile Schuler

1853.

LES BUCHERONS

ET

LES SCHLITTEURS DES VOSGES.

LES BUCHERONS

ET LES

SCHLITTEURS DES VOSGES.

TEXTE PAR ALFRED MICHIELS.

DESSINS PAR THÉOPHILE SCHULER.

STRASBOURG,

CHEZ E. SIMON, IMPRIMEUR-LITHOGRAPHE-ÉDITEUR.

1857.

STRASBOURG, IMPRIMERIE DE G. SILBERMANN.

LES BUCHERONS

ET

LES SCHLITTEURS DES VOSGES.

Ceux qui n'ont vu ni les montagnes ni les déserts ne connaissent pas la nature. Dans les plaines, dans les pays cultivés, elle a depuis longtemps disparu. Ce n'est point la nature que ces campagnes, où rien ne pousse sans la permission de l'homme, où chaque motte de terre est incessamment divisée, retournée, agitée, où tout porte la trace du labeur et d'une infatigable persévérance, où des murailles, des bornes, des fossés et des haies constatent les droits des propriétaires, dénotent une extrême civilisation. Les champs, tels qu'ils s'offrent à nous d'habitude, forment une espèce d'usine en plein air: la végétation y travaille sous la surveillance de l'industrie, comme d'autres agents physiques dans les manufactures. Le sol ne produit une courte verdure que pour être bientôt rasé; les arbres, toujours menacés par la hache, s'élèvent timidement à quelques pieds de terre et composent des buissons qui prennent le titre de forêts; les animaux même ne subsistent qu'avec l'autorisation de l'homme, et si l'oiseau ne l'obtient pas, il est contraint de fuir sur son aile rapide, d'aller chercher ailleurs une patrie, comme les cygnes, depuis longtemps bannis de France, comme les cigognes, auxquelles l'Alsace seule donne encore l'hospitalité.

La nature a un bien autre aspect, quand elle conserve son indépendance primitive et sa grâce virginale. Qu'elle est belle, qu'elle est fière, qu'elle est noble et variée dans sa force juvénile! Elle essaie toutes les combinaisons, prodigue tous les effets, associe la majesté à la douceur, la richesse à l'harmonie. Ses œuvres, que rien ne mutile, atteignent d'imposantes proportions: le chêne, le hêtre, le sapin, le mélèze, deviennent des géants, et, sous leur ombre, des tribus d'oiseaux, d'insectes, de quadrupèdes, se développant sans contrainte, parviennent à leur perfection, prouvent l'inépuisable fécondité de la mère universelle.

Tous les continents, sauf l'Europe, possèdent encore de vastes régions que n'a point appauvries, dénudées la culture, où l'imagination peut s'enivrer d'admirables spectacles, où vit et respire une immortelle poésie. Le voyageur y cherche, y retrouve les magnificences, les délicatesses originelles de la nature: il contemple avec une joie enthousiaste et sa grandeur et ses merveilleux raffinements. Les peuplades éparses dans le désert conservent elles-mêmes des sentiments précieux que perdent les hommes civilisés. Un de mes amis, qui habite le Nouveau-Monde, traversait un matin un plateau velouté d'une herbe épaisse. De vieux chênes y arrondissaient leurs coupoles de verdure; un paysage éclatant se déroulait en face. Partout bruissait et ondoyait un océan de feuillages, qui tombait en cascades du haut d'innombrables montagnes dans les profondeurs de la vallée, où il s'étendait en nappes plus régulières. Çà et là des massifs de pins formaient comme de grandes taches noires. Au bas du plateau coulait une rivière sans nom, ou, pour mieux dire, un torrent précipitait ses eaux limpides et bruyantes; il gémissait, grondait, écumait de roche en roche, et le bruit que formaient toutes les parties de son cours, s'élevait majestueusement comme la voix même de la solitude. Elle prenait par intervalles, lorsque la brise soufflait de l'ouest, des intonations d'une beauté inexprimable. Ce murmure austère dominait tous les autres sons: il ne laissait entendre que les cris aigus du gypaëte, le sifflement du chamois, le glapissement du renard et les stridentes clameurs des perroquets. Sur le bord du plateau, un sauvage était assis dans une immobilité complète: il avait ces proportions régulières, cette noblesse de forme qui surprennent les Européens, et la beauté de la scène déployée devant ses yeux semblait le ravir en extase. L'homme civilisé admira son air de profonde contemplation, et passa son chemin. Huit heures après, il revint par le même endroit: quel fut son étonnement de trouver le sauvage assis à la même place, dans la même attitude, enivré du splendide paysage que découvraient ses regards et que le soleil éclairait maintenant de rayons obliques, pendant qu'une légère brume montait des profondeurs! Il semblait identifié avec le site, devenu immuable comme les rochers, les collines et les platanes. Quelle intensité de jouissance poétique avait été nécessaire pour le pétrifier en quelque sorte durant de si longues heures!

La Corse, grâce aux formes alpestres de son territoire, a gardé quelque chose de ces splendeurs originelles que la civilisation efface. Le mélange de buissons et de cépées touffues qui porte le nom de mâquis et dont nous parlent toujours les romanciers, n'en couvre pas uniquement le sol. Les hauteurs dressent vers le ciel d'énormes futaies, où les coups sourds de la hache semblent n'avoir jamais retenti. Elles se composent généralement de sapins magnifiques, de châtaigniers, de hêtres séculaires et de chênes-liéges au tronc rougeâtre, à la verdure éclatante. Telle est la forêt de Vizzavona, qui balance ses épais feuillages entre le Monte d'Oro et les montagnes de la Cagnone. Ses vieux arbres s'élèvent comme les tours, les dômes et les pyramides d'un gigantesque monument. Ses profondes retraites, semées de torrents et d'abîmes, de gorges étroites et de pics sauvages, forment des citadelles imprenables, servent d'asile aux *banditti* qu'un meurtre ou deux forcent à vivre dans la solitude, loin des tribunaux et des gendarmes. Les habitants, qui ne leur refusent jamais l'hospitalité, ont pour demeures des chaumières éparses, campées au sommet des roches, au bord des précipices, occupant les situations les plus pittoresques. Ils obtiennent par la culture le pain et le vin, mais la forêt leur prodigue le reste de leurs aliments; elle abonde en gibier de toutes sortes, depuis le lièvre et le lapin jusqu'au chevreuil, au cerf et au coq de bruyère. On y trouve des cochons sauvages, qui ont un goût délicieux; quelques individus de l'espèce se seront échappés des cabanes et auront propagé leur race dans les bois. Ainsi, le désert est plein d'égards pour ses hôtes: il les préserve des tribulations, les nourrit, les enveloppe de parfums, charme leur esprit et leurs regards. Aussi le Corse a-t-il des instincts poétiques, dont le peuple est chez nous dépourvu. Lorsque, par un beau jour, le soleil penche vers l'occident, on voit peu à peu les montagnards prendre place sur les hautes cimes, non pas réunis en troupes, mais l'un après l'autre et isolément. Ils apportent avec eux un flageolet, une cornemuse, un instrument rustique. Sous leurs yeux s'effilent, s'arrondissent, se projettent d'innombrables sommets, se creusent d'immenses vallées, toutes resplendissantes de lumière, pendant qu'à l'horizon les flots bleus de la Méditerranée semblent réfléchir un ciel inaltérable et lui emprunter leur azur. Tour à tour contemplant ce merveilleux spectacle et se berçant de quelque mélodie sauvage, l'homme primitif passe de longues heures plongé dans une rêverie confuse, dans une muette et profonde exaltation.

Sur notre vieux continent d'Europe cette puissance d'émotion a disparu, aussi bien que les forêts vierges, les steppes, les savanes, les marais fourmillant d'insectes, de batraciens et de reptiles. Mais les hautes montagnes nous offrent encore une image de la nature dans son athlétique et originale beauté. Elles opposent à la culture, à l'exploitation, des obstacles presque insurmontables. L'homme ne cesse de les défigurer que là où elles bravent ses atteintes. Les escarpements, les abîmes, arrêtent enfin ses déprédations, et, malgré les violences du ciel, malgré le désavantage d'un climat boréal, la grande productrice enfante des merveilles qui montrent ce qu'elle pourrait faire sur un sol plus heureux, avec une température moins défavorable.

Cette lutte de la nature et de l'homme est principalement curieuse à observer dans les montagnes secondaires, comme les Vosges, les Cevennes et le Jura. On n'y trouve aucun point inaccessible; partout le voyageur, le pâtre et le bûcheron impriment la trace de leurs pieds. L'industrie, l'activité humaine, cependant, n'y soumettent point tout à fait la nature. Celle-ci résiste, défend ses priviléges, conserve en partie ses habitudes souveraines. Ni l'un ni l'autre des deux adversaires ne triomphe exclusivement, et les péripéties du combat sont pleines d'intérêt. Les montagnes, on le sait, commencent par des renflements de terrain, par de molles ondulations. Des éminences plus fortes leur succèdent; puis les collines grandissent et atteignent des proportions majestueuses ou des hauteurs effrayantes. Eh bien! la culture envahit les ondulations, les éminences, les collines; elle essaie de gravir les pentes abruptes, de défricher les crêtes et les plateaux. Mais la longueur des hivers, l'intensité du froid, la maigreur du sol, paralysent ses efforts, découragent son ambition. Il faut laisser enfin travailler seule la mère commune des êtres; il faut lui laisser choisir ses arbres et ses fleurs, son vêtement et sa parure. Elle écarte alors toutes les plantes frileuses qu'épouvantent la neige et les glaçons; elle range en bataille ses sapins robustes, ses hêtres vaillants, ses opiniâtres mélèzes, qu'elle arme d'une force prodigieuse et d'une patience indomptable ; elle mêle à ces fortes légions des arbres moins robustes, mais assez vigoureux encore pour supporter la dure épreuve d'une température implacable, le frêne, le sorbier, le sycomore, le bouleau pâle et mince, aux rameaux grêles et penchés. Sous leur ombre, dans les clairières, dans les hautes prairies, elle sème des arbustes et des fleurs qui n'habitent point les plaines: le myrtille à baies noires ou roses, l'athamanthe parfumée, le tussilage blanc de neige, le cumin, la bétoine et l'agrostis jouet des vents.

Mais là encore l'homme poursuit la nature. S'il n'essaie plus de la conduire, s'il ne lui impose plus des préférences et ne règle pas sa fécondité, il trouble son labeur, il lui arrache ses productions avec des peines inouïes et de dangereux efforts. Le bûcheron pénètre au milieu des hautes terres, escalade les pentes où croissent les forêts hyperboréennes, mesure de l'œil les troncs géants et les fait tomber sous sa hache. D'autres manœuvres les écorcent, les dépècent, les chargent sur des traîneaux, les descendent dans les plaines par des chemins périlleux, en aventurant tous les jours leur existence. Ce sont les schlitteurs. Nous expliquerons bientôt le sens, l'origine de leur nom. Le domaine où travaillent ces deux sortes d'ouvriers est aussi le nôtre pour quelque temps. Nous allons vivre près d'eux, sous les rameaux des hêtres et des sapins, sur la mousse qui enveloppe tous les rochers, toutes les parties du sol, et que constelle le charmant anagalis ou trèfle des montagnes. Nous allons suivre leurs opérations, étudier leurs mœurs, entendre le récit de leurs infortunes, écouter leurs mystérieuses légendes.

C'est une singulière profession que la leur : ils passent toute la semaine au milieu des bois et ne rentrent que le dimanche dans leurs cabanes. S'ils aiment la nature, ils peuvent satisfaire leur goût, car ils la voient sans obstacle et sans interruption ; le jour et la nuit la forêt déploie autour d'eux ses immenses colonnades, attire leurs regards dans ses profondeurs, où le soleil glisse en minces filets d'or, où la lune plonge ses regards mélancoliques, où le brouillard promène de vaporeux fantômes.

La contrée qu'ils exploitent, qu'ils tourmentent de leur pénible industrie, n'éveille d'ailleurs ni la crainte ni l'anxiété. Les Vosges n'ont point d'abîmes, point d'escarpements périlleux, point de ces crêtes téméraires qu'habite le vertige et qu'on escalade en bravant la mort, point de glaciers, point de torrents assez profonds, assez rapides pour entraîner un homme ou culbuter une voiture, point de ces lacs immenses que la tempête bouleverse et fait moutonner comme la mer. La plus forte montagne des Vosges, le Ballon[1] de Soultz ou de Guebwiller, atteint seulement une élévation de 1426 mètres; le Hohneck vient en seconde ligne et ne dépasse point 1367 mètres; le Rothabach en compte 1319, le ballon d'Alsace 1250, le ballon de Comté 1189, le Champ-du-Feu et le Donon, qui commandent toutes les cimes du Bas-Rhin, ont une taille moins extraordinaire encore: le premier mesure 1095 mètres, le second 1010. Ils ne s'effilent pas en pitons aigus, ils ne se couronnent point d'inabordables granits. Leurs sommets forment au contraire de véritables dômes, des champs spacieux, où fleurissent toutes sortes de plantes aromatiques, d'herbes peu communes, la gentiane aux fleurs d'or, l'anémone aux blanches pétales, la scirpe des bois, la violette des Alpes, l'épipactis à larges feuilles, la chélidoine, la potentille, l'arnica embaumé. Des troupeaux de vaches broutent paisiblement ces pâturages solitaires, qui remplissent leurs mamelles d'un lait compacte et savoureux.

Le règne animal n'est pas de nature à inquiéter davantage. Depuis longtemps le fusil et la hache ont exterminé les bêtes féroces. Cette chaîne de montagnes était jadis comme un grand repaire. Beaucoup de noms topographiques prouvent que les ours y pullulaient, Bærhöhe, Bærenkopf, Bærenbach, etc. Les loups y répandaient une égale terreur. Une ballade qu'on chante encore dans le pays atteste combien ils étaient redoutés. Un jour, la ville de Huningue, qu'abritaient des fossés, des murs et des bastions, fut comme assiégée par un loup énorme: la rage doublait ses forces et il mettait à mort les bergers, les moutons, les citadins et les paysans. On adressait des prières au ciel, mais personne ne voulait le combattre. Un jeune garçon entreprit seul de dompter la bête sauvage. Il sortit de grand matin et aperçut bientôt le loup furieux, qui, la langue pendante, errait autour de la ville. L'animal féroce l'attaqua sur-le-champ. Le jeune garçon le prit à bras-le-corps, le saisit par la

[1] Je regrette que ce mot soit employé dans toute l'Alsace pour exprimer une haute montagne, car il éveille une idée bien différente. Il vient du substantif *Bælchen*, consacré au même usage dans la Forêt-Noire et francisé mal à à propos.

peau et le tint ferme, en criant à la sentinelle qui gardait le pont : « Tirez, visez-le bien, je ne lâcherai pas. » Un coup partit : la balle avait frappé le loup, qui tomba mort. « Brave homme, dit alors le jeune garçon, vous avez tué la brute maudite ; mais vous voyez combien de blessures elle m'a faites. Je ne puis guérir, ayez pitié de moi. Chargez votre fusil, de grâce, et terminez mon supplice. » — « Noble enfant, répondit l'homme d'armes, tu n'as que trop raison ; tu dois mourir comme un héros, et non point dans les transports de la rage. » Et, faisant un effort sur lui-même, il accomplit le sacrifice. Les hommes avaient le cœur plein d'admiration, pendant qu'ils suivaient le cercueil ; mais les femmes, les mères surtout, fondaient en pleurs.

Un document de l'année 1607 constate que les animaux sanguinaires étaient alors très-nombreux dans les Vosges ; quand les femmes allaient aux champs, les hommes étaient obligés de les suivre avec des armes, pour les protéger pendant leur travail. On leur fit bientôt une guerre d'extermination ; grâce aux chiens et à la poudre, ils diminuèrent promptement. Le dernier des ours traqués par les montagnards fut tué en 1709, dans les bois de Remiremont.

Nul péril ne menacerait donc, au milieu des Vosges, les bûcherons et les schlitteurs, si leur état même n'avait ses dangers. Ils peuvent s'établir sans crainte sous les rameaux des arbres dont ils méditent la ruine. Les hêtres et les sapins les couvrent généreusement de leur ombre, en attendant l'heure funeste qui leur apportera la mort.

Aussitôt que les gardes ont fini l'arpentage d'une coupe, mesuré, circonscrit le terrain où elle doit avoir lieu (pl. 2), aussitôt qu'ils ont marqué d'un signe les troncs destinés à périr (pl. 3), on met le travail en adjudication. Des compagnies d'ouvriers soumissionnent, et la plus modeste, c'est-à-dire la plus résignée, obtient la préférence. Les uns se sont chargés d'abattre les arbres, les autres de les descendre dans les vallons inférieurs ; les premiers appartiennent au corps des bûcherons, cela va sans dire ; les derniers se nomment *schlitteurs*. En allemand *schlitte* signifie traîneau ; or, on charrie le bois des hautes terres sur des traîneaux ; les *schlitteurs* sont donc les hommes qui emploient les traîneaux pour cette fatigante opération. Nul terme ne désignait leur métier en français ; on a transporté dans notre langue le mot germanique.

Le pacte une fois conclu, les associés commencent par se bâtir une hutte.

Ils vont vivre plusieurs mois loin de leurs familles et ne peuvent se passer d'abri. Cette demeure transitoire est ce qu'il y a de plus agreste et de plus primitif (pl. 27). Des troncs d'arbres et des écorces en forment tous les matériaux. J'ai vu des cabanes de bûcherons adossées contre la pente d'une colline. Des tiges de sapins entassées composaient le pignon et les parois latérales, qui allaient en se rétrécissant vers la montagne. De fortes branches, soutenues par des poutres, couvraient l'humble retraite et dessinaient un angle; les écorces que l'on y avait disposées remplissaient l'office de tuiles. En amont se trouvait le foyer, dont les vapeurs et la fumée bleuâtre s'échappaient par une ouverture des moins régulières. Une planche en retenait les cendres, une autre servait de cadre au lit; l'intervalle situé entre les deux formait l'unique passage. Nous avons prononcé le mot de lit; mais qu'on n'aille point imaginer une des couches moelleuses où les citadins reposent sous un édredon. Les ouvriers montagnards ne connaissent pas ce luxe. Des ramilles de sapins sont leurs seuls matelas, et ils jugent les oreillers complétement inutiles. Ne se déshabillant jamais, ils n'ont besoin ni de couvertures ni de draps; ils dorment dans leurs vêtements, comme les animaux dans leur fourrure.

L'espèce de hutte que nous venons de décrire est l'habitation la plus grossière, la plus étroite, où les bûcherons et les schlitteurs fassent leur cuisine, abritent leur sommeil. Leurs baraques sont ordinairement quadrilatérales et figurent en petit des maisons. Au lieu de les construire avec des madriers, ils les bâtissent à l'occasion avec du bois de chauffage, et elles ne sont alors ni moins solides, ni moins bien closes. On y entre par une porte si basse qu'il faut se plier en deux pour la franchir. A l'intérieur, un homme de grande taille ne peut se tenir droit. Des encadrements de planches forment autour de la pièce un divan rustique. Un foyer en pierre occupe le centre, et la fumée s'échappe par un trou de la toiture, où des bûches entremêlées ferment le passage au vent et à la pluie. Quelques ouvriers ont des poêles, les autres n'aiment qu'un feu libre, dont la flamme danse gaîment à leur vue, dont les reflets empourprent la cabane.

J'ai observé dans les environs du Haut-Champ une construction qui pouvait relativement passer pour un somptueux logis. Elle était en planches, avait une douzaine de pieds jusqu'au sommet de la toiture et une porte qui ne faisait pas trop courber la tête! La fumée tourbillonnait élégamment dans la partie supérieure. Les journaliers dont elle abritait les repas et le sommeil étaient évidemment les Lucullus de la forêt.

L'odeur agréable et salutaire de la résine parfume toutes ces champêtres demeures. Dès que le jour baisse, que les oiseaux s'endorment, que la voix des torrents gronde seule dans l'air calme ou associe au murmure des rameaux ses notes éternelles, les ouvriers abandonnent leur tâche et viennent prendre autour du foyer une dernière collation (pl. 25, 33, 34), à moins que la chaleur ne soit très-forte, qu'ils n'aiment mieux souper sur la fougère et la mousse, car il y a peu de gazon si loin des plaines. La chouette vole en piaulant sous les arbres séculaires, le grand-duc en poussant des cris étranges. Alors se réveillent les instincts superstitieux des montagnards. Quand la nature est puissante, l'homme, qui se sent faible vis-à-vis d'elle, croit aisément aux prodiges, aux sorciers, à des influences occultes; dominé par des forces mystérieuses, un mystère de plus ne le surprend et ne le déconcerte pas. Son ignorance épaissit encore les ténèbres pleines de secrets où il marche en tâtonnant.

Le soir donc, avant de fermer les yeux, les ouvriers forestiers parlent des vieilles histoires qui courent le pays, ou s'entretiennent de prodiges et de sorciers. Les traditions des Vosges remontent jusqu'à César. Une ballade populaire attendrit les auditeurs sur la défaite d'Arioviste, qui passa le Rhin dans une nacelle, après avoir vu massacrer ses hordes vaillantes, mais trop peu disciplinées pour tenir tête au génie et à la tactique des Romains. S'il faut en croire une autre légende, un pouvoir surnaturel maintient vivants Siegfried, le héros des *Nibelungen,* Arioviste, Hermann et Wittikind: ils habitent les souterrains du château de Geroldseck. La nuit, quand un silence profond règne dans les bois et sur les montagnes, quand la lune, comme une pâle druidesse, accomplit avec les étoiles son nocturne pèlerinage, on voit ces capitaines blanchis par les siècles sortir de leur asile. D'un pas lent, d'un air sombre, ils gagnent quelque roche saillante, quelque promontoire isolé. Du haut de cette plate-forme, les illustres chefs promènent sur l'Alsace un regard sérieux et pensif. Mais, quand la lune s'enfonce dans les brouillards de l'ouest, quand la fraîcheur du matin blanchit la rosée qui moire les feuilles, avant que l'aube éclaire timidement les cimes de la Forêt-Noire, les vieux guerriers abandonnent leur poste et rentrent dans leurs caveaux. Pourquoi examinent-ils ainsi la vallée du Rhin ? C'est qu'ils se tiennent prêts à lui porter secours. Si quelque affreuse détresse, si quelque tyran injuste mettait en péril la population, ils apparaîtraient comme des sauveurs et tireraient de danger leurs compatriotes.

Le moyen âge occupe naturellement une grande place dans les traditions des Vosges. Tantôt c'est Charlemagne qu'elles rappellent, qu'elles nous montrent poursuivant l'aurochs et le loup parmi des forêts presque vierges, dînant au milieu de la solitude et prenant pour table un rocher, puis construisant pour sa belle-fille Hermengarde le couvent d'Ernstein; tantôt c'est le paladin Roland, qui se promène sur les hauteurs de Münster, avec Emma, la fille de l'empereur, qu'il avait toujours secrètement adorée. Une lande voisine de Thann, couvrant plusieurs lieues, n'a jamais pu être fertilisée par la culture. Des herbes sauvages, le carex aux feuilles tranchantes, l'aconit, la pulmonaire, le géranium livide et la bardane y prospèrent seuls; aucun oiseau n'y fait entendre son ramage, et, le soir, le paysan évite ce lieu funèbre. On l'appelle le Champ-du-Mensonge. L'armée de Louis-le-Débonnaire y campa en 830, lorsqu'il marchait contre ses fils révoltés: elle s'y arrêta pendant qu'on négociait. De subtils agents se glissèrent parmi les troupes, les éblouirent de leurs promesses, et les soldats, toujours cupides, abandonnèrent leur monarque. Le vieil empereur fut dépouillé de sa couronne et chargé de fers. Il maudit ses légions infidèles, il maudit le lieu même où s'était accomplie la trahison. La Providence a châtié les coupables, frappé de mort le sol foulé par les bandes criminelles. Nul ruisseau ne le fertilise de son onde, nulle semence utile n'y germe et n'y réussit: on y voit souvent errer les spectres des centurions, les fantômes des princes rebelles.

Une foule d'autres légendes occupent un moment les bûcherons et les schlitteurs, pendant qu'ils se reposent et s'apprêtent à dormir. Ce n'est pas la nourriture qui excite leur imagination, mais le goût naturel de l'homme pour le merveilleux, le besoin qu'il a de communiquer avec ses semblables et aussi d'oublier les travaux du jour dans les causeries du soir. Rien de plus maigre, de plus monotone que le régime des ouvriers forestiers. Ils emportent pour leur semaine un sac de pommes de terre, un peu de lard ou de beurre et du pain noir. L'eau est en général leur seule boisson. Quelquefois une espèce de vivandière, qui parcourt les montagnes, leur apporte un verre de kirsch, ou, si cette liqueur salubre n'abonde pas, un simple verre de schnaps; un brave homme, que suit un âne au jarret solide, renouvelle leur provision de pain (pl. 29). Ils se font une soupe grossière où le lard et le beurre ne se montrent qu'à l'état de comparses et pour dire qu'ils sont à leur poste : les patates cuisent dans l'eau avec du sel, tantôt garnies de leur enveloppe, tantôt réduites en bouillie. Voilà la carte immuable de ces laborieux artisans; la température change, les mois se succèdent, les années tombent l'une après l'autre dans l'éternité, comme les torrents dans les abîmes, mais la table du bûcheron offre toujours le même aspect. Encore n'employé-je le mot de table que par habitude, car les ouvriers forestiers mangent sur leurs genoux. Si la pomme de terre n'existait pas, je ne sais comment ils feraient pour se nourrir. Les autres montagnards ont la ressource du lait, à l'état naturel et sous toutes les formes qu'il peut prendre : les schlitteurs en sont totalement privés, car il n'y a point de vaches dans la forêt et leurs moyens ne leur permettent pas d'acheter du fromage. Aussi, l'un d'eux, voyant que je m'apitoyais sur cette manière de vivre, me demanda-t-il un jour si je connaissais *la chanson*.

— Quelle chanson? lui répliquai-je.

— La chanson des pommes de terre, parbleu!

— Ce doit être un singulier morceau, lui répondis-je.

— Vous allez l'entendre, reprit le schlitteur; dame! je chanterai comme je pourrai.

Et il entonna sur un air mélancolique les étranges couplets rimés par Hoffmann de Fallersleben.

« Quand les fleurs, présents des cieux, délectent le papillon et l'abeille, nous mangeons des pommes de terre; quand les oiseaux cherchent leur nourriture, dès que les blonds épis s'inclinent, nous mangeons des pommes de terre.

« Et quand nous suons sur la glèbe, et quand nous restons près du poêle, nous mangeons des pommes de terre; quand nous réparons nos forces pour les travaux du jour, le matin ou le soir, nous mangeons des pommes de terre.

« Nous évertuons-nous de bonne heure et nous couchons-nous fort tard, nous mangeons des pommes de terre; tombons-nous enfin malades, sommes-nous menacés de mourir, nous mangeons des pommes de terre.

« Voulons-nous avoir un avant-goût du paradis, nous mangeons des pommes de terre; et quand nous serons ressuscités, quand nous entrerons dans le ciel, nous y mangerons des pommes de terre. »

Cette chanson triste et comique me fit sourire et m'affligea. Quelle existence en effet! quel régime que celui de ces pauvres diables! Tant d'hommes, dans les villes, passent d'une indigestion à l'autre! Et des individus exténués par la fatigue n'ont pas même une once de viande, pas même un doigt de vin pour ranimer leurs muscles, pour égayer leur esprit!

— Soyez sincère, dis-je au chanteur, ne buvez-vous réellement jamais de vin?

— Ma foi, Monsieur, lorsque nous y goûtons c'est dangereux; on se sent délabré, voyez-vous, on a les intestins ramollis, et quand la précieuse liqueur nous arrive à l'estomac, elle y fait des merveilles. Elle nous rend la force et la joie: il semble que l'on a bu des rayons de soleil. Et l'on boit encore, on savoure l'élixir magique, les choppes se succèdent et l'on finit par se trouver étourdi.

— Et même un peu ivre, n'est-ce pas?

— Disons beaucoup, allez, pour ne pas mentir et pour régler tout de suite notre compte. Trois litres, quatre litres de vin grisent complétement un homme qui n'y touche pas de la semaine, qui reste souvent des mois entiers sans apercevoir une bouteille.

— Mais trois ou quatre litres, mêlés avec de l'eau, vous feraient une boisson agréable pour sept ou huit jours. Cela vaudrait mieux de toutes les manières, car vos excès doivent vous rendre malades, après une si dure abstinence.

— Que voulez-vous, Monsieur? Vous avez raison. Mais l'ennui, vous n'y songez pas! Nous travaillons comme des bêtes de somme, tant que le soleil veut bien nous éclairer; le lendemain nous recommençons. Toujours la même besogne, pas de distractions, pas de plaisirs; il y de quoi perdre courage. Ah! si nous n'avions point la pipe, ce ne serait pas la peine de vivre! Encore la pipe ne brûle-t-elle pour nous qu'à moitié: le tabac est trop cher. Eh bien! quand nous avons tiré assez longtemps sur le mors, nous lâchons la bride, et advienne que pourra! Nous sommes gais, nous sommes riches, nous perdons tout souci pendant quelques heures, et cela nous fait du bien. Ah! ne jamais oublier notre misère, ce serait trop cruel!

Que répondre à ces tristes vérités? L'homme ne peut vivre, ainsi que l'animal, d'une existence uniforme et complétement routinière. Il lui faut dans un ciel nuageux et monotone quelques lueurs d'espérance; il faut qu'il entende parfois les concerts lointains de l'idéal et sente la poésie effleurer son visage comme une haleine printanière. Les lettrés, ayant du loisir, l'esprit ouvert à tous les sentiments délicats, trouvent, saisissent le côté noble ou gracieux de toutes choses, ne laissent perdre aucun effet, aucune beauté de la nature ou de la civilisation, et souvent même, plongés dans une rêverie délicieuse, en admirent qu'ils inventent. Mais le campagnard, l'ouvrier, l'homme ignorant demeure impassible devant les plus radieux spectacles, ne comprend ni le charme ni la grandeur des œuvres intellectuelles, des pensées fines ou profondes, écoute sans plaisir la meilleure musique et regarde avec apathie les créations des beaux-arts. Dans deux circonstances seulement, il éprouve une sorte d'enthousiasme idéal: quand l'amour lui fait apprécier une des formes du beau, quand le vin le stimule jusqu'à ce degré d'exaltation où parviennent naturellement les esprits d'élite. La poésie ne se révèle au manœuvre, au paysan que sous ces deux aspects. Eh bien! notre cœur en est si avide, nous sommes tellement faits pour la chercher, pour la sentir, que jamais le rustre ne l'oublie. Les soins, les tracas du ménage l'ont bientôt dissipée dans l'union bénie par l'Église; le vin seul conserve la force d'incantation, le magique pouvoir qui transporte l'âme en des régions supérieures. C'est là surtout ce que le prolétaire demande à l'ivresse, croyez-le bien; la sensualité occupe la seconde place dans son amour des breuvages excitants. La dégradation apparente où il se plonge, prouve encore la noblesse et les facultés exceptionnelles de notre nature.

Si les schlitteurs lisaient cette justification de leurs goûts bachiques, cette théorie de l'ébriété populaire, ils en profiteraient sans le moindre doute pour se livrer à quelque orgie et mettre un terme aux reproches de leurs femmes; mais les schlitteurs n'ouvriront point ce volume et n'interpréteront pas mes discours d'une manière illogique.

Quand ils se sont installés dans la forêt avec les bûcherons, quand ils ont apporté dans la cabane leur maigre approvisionnement, il s'en faut qu'il puissent commencer leur œuvre spéciale: une tâche énorme la précède. Il s'agit de créer la route même où ils vont charrier le bois. Le tracé de ce chemin les occupe d'abord. Ils étudient la montagne et la pente des terrains avec une extrême attention. Ce qu'ils cherchent, c'est une inclinaison douce, qui les dispense de tirer, qui n'accélère pas trop le mouvement de leur charge. Pour obtenir cette déclivité propice, quelles lignes sinueuses ils sont obligés de décrire! Comme leur voie périlleuse glisse autour des collines, passe de l'une à l'autre, revient sur elle-même, descend par une foule de circuits vers les terres inférieures! Elle longe des vallées abruptes, domine les cascades, évite leur brouillard, s'enfonce dans l'obscurité des bois, s'élance par-dessus les torrents, par-dessus les bas-fonds, traverse les prairies les plus délicieuses qu'on puisse voir ou imaginer!

Les routes destinées aux traîneaux s'appellent dans les montagnes soit des *schlittwege* (*schlittweg*, au singulier), soit des chemins de *rafton*. J'ignore d'où vient ce dernier terme. En anglais, *raft* signifie un radeau, un train de bois; *rafter*, une poutre, un chevron. Les ouvriers de l'Alsace ont-ils été chercher une expression technique au delà des flots, ou quelque highlander nomade la leur a-t-il apportée? C'est une question que je ne me charge point de résoudre, n'ayant qu'un goût médiocre pour la science étymologique.

On fait, dans certains bois, tracer les routes par des ingénieurs, ce qui épargne aux montagnards une étude pénible et des tâtonnements. La ligne une fois dessinée, ils construisent la voie. Elle offre l'apparence d'une échelle sans fin, couchée à terre; des troncs d'arbres médiocres en forment les montants; on y pratique des entailles, on y cloue des traverses. Deux rangs de piquets fixent les jambages à la place qu'ils doivent occuper. Cet appareil est assez simple, quand il pose sur le sol; mais il faut lui créer des points d'appui et le maintenir de niveau, dès que le terrain subit une dépression. Si la concavité est peu importante, des morceaux de bois placés en travers suffisent pour exhausser la route; mais si un torrent se présente, si une ravine, un bas-fonds, le dernier repli d'une gorge étroite, qu'il est nécessaire de franchir pour gagner une montagne voisine, barrent tout à coup le passage, des travaux d'art plus ou moins compliqués deviennent indispensables. On appuie le chemin sur des piles de bois, sur des madriers perpendiculaires, on forme des ponts et des viaducs. Parfois même, ces ponts et ces viaducs sont à double étage. Les monceaux de bûches, les solives, tantôt droites, tantôt inclinées et arc-boutées l'une contre l'autre, portent un premier rang de troncs d'arbres. Ceux-ci portent à leur tour les chevrons qui soutiennent la voie transparente, sorte de large échelle suspendue horizontalement. Les propriétaires des forêts qu'on exploite fournissent tous les matériaux de ces constructions (pl. 24).

Voilà le chemin établi. C'est une grande tâche préparatoire conduite à son terme, sans le moindre doute, mais elle en exige une autre. Les schlitteurs fabriquent eux-mêmes leurs traîneaux (pl. 26). Ils en choisissent le bois d'un œil attentif, car ils doivent porter de lourdes charges, et, s'ils rompaient sous le poids, le conducteur serait tué ou blessé. Les schlittes doivent être légères cependant, aussi légères que possible, car l'ouvrier les remonte sur ses épaules, quand il est parvenu à l'extrémité de la route (pl. 24). Il emploie donc pour les construire un bois solide, le frêne habituellement, et taille dans l'érable les brancards cintrés entre lesquels il se place. Pour préserver les deux jambages inférieurs, il attache au-dessous des bandes ligneuses, des espèces de semelles. Il peut les remplacer, quand le frottement les a détruites, brûlées ou trop amincies. Les montagnards estiment qu'une schlitte leur revient à six francs. Le traîneau achevé, aucun obstacle ne les arrête plus.

Les bûcherons cependant ont commencé leur besogne: sans respect pour la vieillesse, ils ont attaqué les sapins, les hêtres séculaires. Les forêts qu'ils éclaircissent, car ils n'abattent point tous les arbres, sont généralement de vieilles et colossales futaies. Les hauts sites qu'elles occupent, les difficultés de l'exploitation, le prix supérieur des troncs volumineux, empêchent qu'on ne les ravage comme les taillis des plaines et des éminences secondaires. Il faut voir ces bois majestueux, quand la hache n'a point encore troublé leur silence, ouvert des lacunes dans leur épais feuillage. Temples austères, vastes cathédrales, mosquées, pagodes immenses, cryptes mystérieuses de l'Inde, de l'Égypte et de la Nubie, édifices de tous les âges et de tous les styles, qu'êtes-vous auprès de ces monuments construits par la nature! On atteint en quelques pas le bout de vos avenues et de vos nefs; on aperçoit d'un coup d'œil vos limites et vos murailles; on compte sans effort vos piliers, que les touristes déclarent innombrables. Bien différents sont les merveilleux sanctuaires des bois! Il faut non point des minutes, mais des heures pour en atteindre les bornes; le regard y plonge à l'aventure et ne se trouve arrêté que par la distance; il glisse entre des colonnades merveilleuses, qui lasseraient les calculateurs. La forme du terrain en augmente le poétique effet. Quelque direction que l'on suive, on domine une armée verdoyante qui s'étage dans les profondeurs, on voit une autre armée de géants escalader les pentes du côté des sommets. Leur position élevée semble accroître leur taille : ils montent comme une race titanique dans l'air chargé de brouillard ou dans l'azur du ciel. Quelques-uns se dressent audacieusement sur des rochers, où l'on croirait qu'ils n'ont pu trouver de nourriture. Étreignant leur base avec énergie entre leurs dures racines, ils bravent le souffle des tempêtes.

Ils tombent cependant sous la cognée, ainsi que des arbres vulgaires. Les bûcherons se soucient peu de leur attrait pittoresque, les propriétaires encore moins. Le sacrifice a lieu par la hache seule, quand le tronc est placé entre des pierres, appuyé contre des roches, qui s'opposent à l'emploi de la scie. J'ai fait abattre devant moi un sapin magnifique, posté justement dans une situation analogue. Il avait bien cent quarante pieds de haut. Deux bûcherons l'attaquèrent à la fois, de deux côtés différents. Le colosse parut longtemps dédaigner leurs coups : il ne tremblait même point, et son feuillage immobile attestait une sécurité olympienne. Cependant les cognées s'avançaient l'une vers l'autre, rétrécissant la base qui soutenait le vieux héros. La cloison n'avait plus deux pouces de large, qu'il gardait encore sa tranquillité majestueuse. Mais quand elle fut réduite à un pouce, il oscilla tout à coup, puis, après s'être un instant balancé, plongea dans l'abîme, la tête en aval. Toutes les branches qu'il rencontrait tombaient avec lui : sa chute fit retentir la montagne comme un coup de tonnerre. Des fragments de roche bondirent sur la pente, et un sourd grondement roula d'échos en échos (pl. 5, 6, 7).

Ainsi les hommes de cœur restent inébranlables devant leurs ennemis et ne s'affaissent qu'au dernier moment, lorsque la lutte devient impossible, lorsque la nature et les événements trahissent leur courage.

Les bûcherons, stimulés par un pourboire, assaillirent un autre vétéran, dont le tronc était libre. Ils abattirent avec la cognée la naissance des racines, afin de dégager toute la partie cylindrique de l'arbre. A cette première blessure ils appliquèrent la scie. L'instrument auquel ils donnent ce nom est simplement composé d'une lame et de deux poignées. Au fur et à mesure qu'il pénètre, qu'il déchire son innocente victime, un jeune garçon introduit plusieurs coins dans l'ouverture, à coups de maillet. Lorsque les dents acharnées ont rompu un assez grand nombre de fibres, le tronc, soulevé par les coins, penche de l'autre côté. Certains bûcherons passent pour diriger si habilement sa chute qu'ils peuvent le faire tomber sur un clou. Le second patriarche attaqué devant moi fut précipité en amont, la tête vers les hauteurs. Un bruit moins terrible signala cette catastrophe, et le Titan vaincu sembla mourir avec un gémissement. Je ne pus voir sans regret les beaux arbres couchés par terre.

On abattait jadis les sapins et les hêtres sans prendre la peine de les ébrancher (pl. 4); mais leurs rameaux vigoureux accroissaient les dégâts qu'ils causent naturellement. Leur tronc seul commet d'assez grands ravages: il dénude tout un côté des arbres qu'il longe. Ces voisins mutilés paraissent ensuite des manchots. On ne coupe plus maintenant un seul arbre sans l'avoir dépouillé de ses branches. Le vert diadème qui couronne son front est le seul ornement qu'on lui laisse avant de l'exécuter.

Certaines forêts traitées avec ménagement contiennent des arbres magnifiques. Dans celle de Strasbourg, le sol est très-favorable aux grands végétaux; ils y croissent promptement et atteignent en un siècle des proportions trois fois plus fortes qu'ailleurs. Des sapins de cent vingt ans s'y élèvent à 140, à 150 pieds, mesurent 4 à 5 mètres de circonférence. Ils donnent 40 et 50 stères de bois. Quelques-uns montent plus haut, envahissent plus de terrain, mais ils datent d'un autre âge et ont vu passer, comme un torrent, d'innombrables jours. Quand tombe un de ces colosses, on en garde la mémoire. Ce sont là les nouvelles du désert, et les forestiers vous les content avec un intérêt manifeste, avec une sorte d'émotion. En 1816, un sapin monstrueux fut abattu dans la forêt de Strasbourg. A neuf mètres du sol, il avait encore 3 pieds de diamètre et fournit 108 stères de bois. Un érable coupé en 1840, dans le même district, étonnait par de plus vastes dimensions. Sa circonférence avait atteint 6 mètres 30 centimètres, son axe 2 mètres 10 centimètres. Étant creux à l'intérieur, le bois qui restait n'avait plus que 18 centimètres d'épaisseur. Pour l'abattre, on y pratiqua une ouverture et un bûcheron pénétra dans cette tour végétale, pendant que son compagnon restait dehors: ils scièrent l'arbre circulairement. La muraille ligneuse qu'ils sapaient, attesta cent vingt et un ans de durée par ses couches successives; le gigantesque malade avait donc vécu au moins six cents ans. Un vieux montagnard, nommé Bœhm, m'a décrit un chêne plus prodigieux encore, qu'il avait vu dans la forêt de Saverne: une seule de ses branches, ayant été rompue par la foudre, donna 40 stères de bois.

Si ces proportions éveillaient quelques doutes, on n'a qu'à visiter la forêt de Fontainebleau: on y trouvera des hêtres et des chênes qui ont 19 pieds de tour et une élévation correspondante. Pline décrit un platane bien autrement spacieux, qu'on voyait à son époque en Lycie, au bord d'une route, près d'une fontaine: creusé par le temps, il formait une salle dont la circonférence était de 81 pieds; sa tête composait à elle seule un massif énorme, et ses rameaux couvraient des champs entiers. Licinius Mucianus dîna et coucha dans l'intérieur avec dix-neuf compagnons, et ne regretta ni les marbres précieux, ni les peintures, ni les plafonds dorés des villas italiennes. Le fameux châtaignier de l'Etna peut abriter sous son feuillage cent cavaliers; lorsque Brydon le mesura en 1770, il avait 204 pieds de circonférence et se divisait, comme une cépée, en cinq troncs différents. Mais Kircher les avait vu réunis un siècle avant cette date, et il est probable qu'ils formaient d'abord une seule tige. Le châtaignier de Forworth, en Angleterre, comptait 52 pieds de tour dans l'année 1820, où Strutt le toisa. On admire près de Sancerre un orme qui a 10 pieds de diamètre à six pieds du sol. L'orme de Hatfield mesure 41 pieds de tour à la base, 27 à trois pieds et demi de terre. Le tronc, dans son endroit le plus mince, a 7 pieds 4 pouces de diamètre. Sa verdure abrite une aire de 7000 pieds carrés, donnant un diamètre de 108 pieds, une circonférence de 324.

Dans les forêts du Nouveau-Monde, le pin blanc rivalise avec les flèches de nos cathédrales. Dans l'état de New-York, par exemple, une espèce que l'on nomme le pin Lambert atteint une dimension de 230 pieds; le pin Douglas, le roi de la végétation, s'élève jusqu'à 300. « Je vis un de ces arbres que la tempête avait déraciné, dit un voyageur, et ce n'était pas certainement le plus vaste qui se fût trouvé sur ma route. Je le mesurai avec soin. Il avait 215 pieds de longueur, 19 pieds 3 pouces de diamètre et 57 pieds 9 pouces de circonférence à un mètre du sol. A 134 pieds de sa base, son diamètre était encore de 6 pieds, sa circonférence de 17 pieds 5 pouces[1]. » Dans ses *Voyages*, le docteur Dwight cite un arbre du Nouveau-Hampshire qui montait à 264 pieds. « Il y a cinquante ans, ajoute-t-il, plusieurs pins qui croissaient à Blandford, dans une terre assez sèche, ayant été abattus, on leur trouva une longueur de 223 pieds. » C'est la Tasmanie sans doute qui renferme les plus gigantesques « J'ai vu deux de ces colosses la semaine dernière, nous dit un explorateur[2]. Tous les deux occupaient le bord d'un petit ruisseau, sur les dernières pentes du mont Wellington. Ils appartiennent à l'essence que l'on nomme pin des marais (*swamp gum*). L'un d'eux était tombé : moi et mes compagnons nous le mesurâmes. Il avait 220 pieds depuis la souche jusqu'à la première branche. Quoiqu'un accident l'eût décapité, nous acquîmes la certitude que sa longueur totale devait être de 300 pieds. Il comptait 30 pieds de diamètre à sa base et 12 à la première branche; mais il portait des traces manifestes de décrépitude. Nous jugeâmes qu'il pesait 440 tonneaux ou 880,000 livres. Son compagnon, qui ne donne pas le moindre signe de décadence, monte comme une haute tour au-dessus des sassafras : ces derniers semblent des arbustes en comparaison, quoique leur taille soit assez belle. A trois pieds de terre il mesure 102 pieds de circonférence. Dans un espace d'un mille carré, nous vîmes pour le moins une centaine de troncs analogues : le plus petit avait 40 pieds de tour. Quelques milliers d'années doivent être nécessaires à la nature pour construire un de ces monuments. »

Après avoir lu ces détails, on ne suspectera point, je pense, l'exactitude des renseignements qui m'ont été fournis par les gardes-forestiers des Vosges. Le sapin ordinaire et le sapin épicéa, seuls conifères de ces montagnes, ont sur le pin un avantage très-important : ils conservent la même grosseur dans toute leur étendue et s'amincissent brusquement au sommet. Ce sont de véritables colonnes grecques, mais des colonnes vivantes, qui parfument l'air autour d'elles, qui murmurent et soupirent de vagues mélodies. Les hêtres forment des cylindres presque aussi réguliers.

Non-seulement les bûcherons dirigent comme ils veulent la chute de ces grands végétaux, mais, se tenant près de la souche, ils ne courent aucun

[1] *Forest Life and forest Trees*, by John Springer; New-York, 1851.
[2] *Revue horticole.*

danger; le moindre mouvement leur suffirait pour éviter la masse croulante. On a renoncé depuis longtemps au futile usage des cordes. Le seul accident qui menace les abatteurs, c'est d'être culbutés ou blessés par les pierres, par les fragments de roche, que les troncs d'arbre font rouler, bondir sur les pentes.

Lorsqu'ils ont terrassé les vieux enfants de la montagne, les bûcherons les dépècent. Ils leur coupent les bras qu'ils taillent pour le chauffage; ils dépouillent le fût de son écorce et le divisent en blocs plus ou moins étendus (pl. 8). On nomme ces solives des *tronces*, dans le langage technique du métier. Avec les moindres branches ils préparent des fagots (pl. 9). Leur œuvre est alors terminée; celle des schlitteurs commence, tâche pénible au delà de toute expression, qui leur cause une tristesse habituelle et fait sortir des plaintes de leur bouche, aussitôt qu'on leur adresse la parole.

Voyez, en effet, ces montagnards qui respirent un air salubre et fortifiant, qui boivent une eau délicieuse et devraient jouir d'une santé robuste. Comme ils sont pâles! Comme leur maigreur maladive rappelle les ouvriers étiolés des manufactures, les artisans à demi asphyxiés des villes! Ce n'est pas là le teint des campagnards, ce ne sont pas les formes de nos villageois et de nos laboureurs. Les efforts inouïs, la prodigieuse contention musculaire exigés par leurs travaux, changent leur constitution physique, annulent pour eux les bienveillants calculs de la nature.

Leurs chemins ayant quelquefois une lieue, deux lieues de long, pour ne pas trop multiplier leurs voyages, pour ne pas trop ralentir leur besogne, ils chargent fortement les traîneaux (pl. 13, 14, 15, 16). Ils y empilent ordinairement deux cordes de bois, et ne partent jamais avec moins d'une corde et demie. Cela fait un poids considérable, la provision d'une famille parisienne pour un hiver. Ils ont eu soin de graisser le dessous de leur schlitte. Souvent, néanmoins, elle produit un grincement terrible, que l'on peut entendre à une demi-lieue, qui emplit toute la vallée de ses notes stridentes et que répercutent les montagnes. Si le sol n'est pas suffisamment incliné, il faut que le schlitteur rassemble toutes ses forces et tire après lui ce lourd fardeau. Si le terrain a la pente nécessaire, il le retient et le dirige, en appuyant ses pieds sur les échelons de la voie. Le traîneau a une tendance naturelle à augmenter la rapidité de sa course. Une sorte de lutte s'établit donc entre lui et le conducteur, qui veut modérer sa fougue. Qu'un genou du montagnard fléchisse, qu'un de ses souliers glisse sur une traverse, malgré les clous dont il est muni, et le pauvre homme court les plus grands périls. S'il n'a qu'une jambe fracturée, un bras rompu, le sort le traite avec quelque ménagement (pl. 21). Le traîneau lui fait néanmoins des plaies horribles; le membre se détache entièrement du corps, ou ne tient plus qu'à des lambeaux de muscles, à des lanières de peau. La lourde masse produit en passant l'effet d'une scie. Parfois, il est vrai, elle se contente de labourer les chairs et ne brise point l'os; mais la blessure n'en est que plus affreuse. Le large sillon creusé par la machine ne peut se refermer; une amputation immédiate serait nécessaire, un chirurgien habile n'aurait pas trop de talent pour exécuter cette cruelle opération. Malheureusement il n'y a pas de chirurgien dans les montagnes, il faudrait en aller chercher dans une grande ville, à huit lieues peut-être, et le payer proportionnellement. Le schlitteur n'a pu amasser de pécule : son salaire lui fournit à peine de quoi vivre et nourrir sa famille. Ne pouvant même espérer de secours, le blessé comprend que sa mort est inévitable. Avec la tristesse courageuse de l'homme habitué à souffrir, il se résigne au sombre dénouement qui vient terminer une vie de douleur et de misère. La fièvre le saisit, le délire égare son intelligence dans des rêves dignes de l'enfer, dans des rêves inspirés par le mal qui le torture. La gangrène envenime sa plaie, et il meurt. Avant qu'il ait rendu le dernier soupir, un autre malheureux, menacé des mêmes tourments, de la même fin tragique, prend sa place sur la voie périlleuse.

La majeure partie des catastrophes ne laissent pas le temps de secourir les schlitteurs. S'ils ne peuvent modérer la course de leur traîneau, il leur passe sur le corps, leur défonce la poitrine, leur écrase la tête. Se raidissent-ils avec des efforts surhumains et leur vigueur n'est-elle pas assez grande pour contenir la masse impétueuse, elle leur donne une secousse effrayante, qui leur brise les reins. Ils meurent comme frappés du tonnerre.

Les sinuosités du chemin produisent un autre genre de désastres. Elles exposent les schlittes à dévier. Si le conducteur ne peut leur faire suivre la courbe, elles le précipitent et roulent avec lui dans l'abîme. Ébranlés par le choc, les fragments de rocher, dont le sol est couvert, bondissent de compagnie, augmentent le désordre et le fracas. Lorsque cette avalanche s'arrête, le pauvre montagnard n'est plus reconnaissable. Parfois un grand sapin, un hêtre majestueux s'élève au détour de la route. Lancé à fond de train, le schlitteur qui les voit se dresser devant lui comme des poteaux de mort, vient s'y broyer entre sa charge et les impassibles piliers. Son sang rougit la dure écorce, tombe en rosée sinistre sur la mousse, sur le tapis de fleurs, où il eût été joyeux de goûter quelque repos.

Près de l'endroit qui lui a été funeste, on plante une croix noire (pl. 22), pour rappeler son malheur. Sa femme, ses enfants, la consacrent de leurs larmes, puis les insectes la rongent, l'humidité la dégrade, le lichen et le byssus l'enveloppent. Elle s'anéantit peu à peu comme le souvenir de la victime. D'autres infortunes ont bientôt fait oublier la sienne. Ses douleurs et ses espérances, ses qualités et ses défauts, ses projets et ses craintes ne laissent de trace ni dans la nature, ni dans le cœur des hommes.

Mais sa famille, que devient-elle? Ce que deviennent les malheureux. Elle souffre, elle jeûne, elle mendie, elle grelotte l'hiver et marche pieds nus toute l'année. Ceux qui tombent malades, meurent faute de soins et de médicaments. Les voluptueux n'en poursuivent pas moins leurs plaisirs, les avares leurs calculs, les ambitieux leurs manœuvres, les gourmands leurs bons repas. Les afflictions de quelques misérables ne changent pas le train du monde. La Providence n'est-elle pas chargée de les secourir? N'a-t-elle point pour auxiliaire la charité humaine? La charité! Quelle inépuisable ressource! Quelle vertu héroïque! Cette femme décharnée, ces enfants en haillons, rencontrent par moments, tous les six mois peut-être, une personne généreuse qui leur donne un sou!

Les viaducs sont encore des lieux pleins de périls. Les schlitteurs n'en tomberaient pas impunément, surtout lorsqu'ils sont un peu élevés. Un compagnon les aide dans ces passages difficiles et, au moyen d'une corde, empêche le traîneau de quitter la voie (pl. 18). Lorsqu'on n'a pas employé, pour construire le pont, des madriers assez forts, il craque et fléchit sous le véhicule de manière à donner le frisson.

Le transport du bois de chauffage étant si pénible, celui des troncs ne peut exiger moins d'efforts, produire moins d'accidents. Deux ou trois solives chargées sur un traîneau font un poids énorme. Mais l'opération la plus ardue est le charroi des grandes pièces, qui ont 30 et 40 pieds de long. Il faut deux schlittes pour les mouvoir. La première, celle qu'on place en avant, est appelée *le bouc;* la seconde, celle qui occupe l'arrière, se nomme *la chèvre* (pl. 17, 18, 19, 20). Un homme gouverne chacune d'elles. Mais un fardeau de 4 ou 5,000 livres n'est pas proportionné aux forces humaines. Dès que la route tourne, dès que le train subit la déviation la plus légère, une effrayante contraction de muscles peut seule prévenir les accidents. Les hercules, les jongleurs, n'ont pas besoin de plus d'efforts pour exécuter leurs tours périlleux. Les schlitteurs éprouvent donc, à la fin de la journée, des lassitudes accablantes. Comme me le disait assez pittoresquement l'un d'eux, ils se tuent de fatigue pour ne pas mourir de faim.

La disposition du sol ne leur permet pas toujours de donner à leurs chemins une pente continue. Les dépressions trop considérables empêchent d'établir un viaduc. La route descend alors dans un vallon, dans un col, d'où il faut ensuite tirer le train. Les hommes n'y suffiraient pas et l'on est obligé de recourir aux chevaux. C'est une industrie particulière que celle de remonter ainsi les charges. Ceux qui l'exercent, possédant quelques bêtes et n'ayant que la peine de les guider, sont relativement des sybarites et des princes. Aussi parlent-ils avec pitié des conducteurs de traîneaux.

Quand ils sont arrivés au bas de la montagne, au dépôt des madriers, des bûches et des écorces, les schlitteurs remontent leurs véhicules à l'endroit d'où ils sont partis (pl. 24). Cette ascension de plusieurs kilomètres leur tient lieu de délassement. Ils allument leurs pipes et gravissent en silence leur calvaire. La poétique nature qui les environne n'a point de charmes pour eux. Ils ne songent qu'à leurs maux, à leur indigence, à leurs tribulations. Généralement parlant, d'ailleurs, les habitants des Vosges n'admirent point leur pays. Un montagnard qui m'avait conduit au Mennelstein, m'en donna une preuve singulière. De cette roche suspendue en corniche, on aperçoit une grande partie de l'Alsace, on promène ses regards sur une immense perspective. Les maisons, les bois, les vignes, les clôtures, n'ayant point de hauteur appréciable quand on les domine d'une pareille élévation, semblent littéralement peints; on croirait voir une carte prodigieuse, coloriée avec soin par un artiste surnaturel. Les rivières et le grand fleuve y tracent tantôt des lignes d'or, tantôt des lignes d'argent et même de carmin, suivant la manière dont le soleil y darde ses rayons. Les cimes de la Forêt-Noire et la chaîne des Vosges mettent un cadre à ce plan polychrôme. — C'est un spectacle admirable! m'écriai-je. — Oui, Monsieur, on le dit, me répliqua le montagnard.

Avant de descendre une seconde charge, les conducteurs de traîneaux doivent amener le bois au chemin, opération préliminaire que j'ai oublié de mentionner. Quand la pente du terrain est très-forte, quand les blocs ne sont pas trop gros, ils accomplissent eux-mêmes cette tâche. Après avoir placé sur une schlitte l'avant d'une tronce, dont l'arrière touche le sol, ils tirent péniblement ce madrier qui laboure la terre, et parviennent au but tout trempés de sueur. La pièce est-elle trop pesante, le lieu à parcourir n'a-t-il pas l'inclinaison nécessaire, on emploie des chevaux ou des bœufs. Ainsi l'ouvrier remplit les fonctions d'une bête de somme et alterne avec les animaux, ne leur cédant la place que faute de pouvoir continuer seul son labeur. Aussi un schlitteur me disait-il très-bien : « Ce n'est pas là un travail fait pour des hommes » (pl. 11, 12).

S'il y a dans la montagne une carrière avantageuse, les conducteurs de traîneaux mettent à profit leur chemin et descendent les pierres (pl. 20), quand ils ont fini la vidange des coupes. Cette nouvelle besogne ne les délasse point de la précédente; mais il faut vivre; la nécessité les pousse sur la voie douloureuse, comme un chérubin armé d'un glaive flamboyant. C'est le cas, ou jamais, de citer les beaux vers de M. Delatouche :

« Frères, il faut mourir, » murmurait le trappiste.
Le monde, chaque jour, répète un mot plus triste.
« Il faut vivre, » dit-il, et ce monde inclément
N'ajoute pas « mon frère » au dur commandement.

Toutes les températures ne sont pas également bonnes pour les aventureuses expéditions des schlitteurs. Elles demandent un ciel voilé, des nuages qui planent dans l'atmosphère sans laisser choir de pluie. L'élévation du thermomètre dispose les schlittes à prendre feu par le frottement : les semelles se charbonnent et grincent. Les échelons mouillés précipitent au contraire la marche du véhicule et mettent le guide en péril. Après une averse ou par une pluie continue, les schlitteurs suspendent donc leurs travaux. Si une ondée les surprend pendant la marche et qu'ils poursuivent leur route, si alors le pied leur glisse sur une traverse, malheur à eux! Leur seule ressource dans ce cas, ainsi que dans presque toutes leurs autres mésaventures, c'est de quitter les brancards, d'échapper au traîneau par un soudain élan. La schlitte continue son voyage toute seule et, un peu plus tôt, un peu plus tard, fait la culbute, roule sur une pente avec son fardeau, se brise contre un arbre ou contre un rocher. Elle ne vaut que six francs : ce n'est donc pas une perte bien importante, et la charge se retrouve.

Quelques visites égayent par moments dans leur solitude les ouvriers forestiers. A certains jours de la semaine, les paysannes vont ramasser les branches mortes, couper l'herbe odorante qui parfume ces hauts lieux (pl. 30). Elles arrivent d'un pied léger, portant sur leurs épaules une hotte vide ou un crochet. En passant près des travailleurs, qui ne sont point fâchés de suspendre un instant leur besogne, elles échangent avec eux des paroles amicales, d'inoffensives plaisanteries ou même des regards affectueux. Ils causent au chant de la linotte et du bouvreuil, aux mélodieux soupirs de la brise dans les sapins. Les femmes, les filles, les fiancées des bûcherons et des conducteurs de traîneaux mettent souvent l'occasion à profit, pour les ranimer de leur présence, leur apporter quelques vivres ou leur donner un témoignage de tendresse. Il y a parmi eux tel cœur aimant, tel esprit d'élite, enfoui par le sort dans une condition vulgaire, que cette joie console de toutes les privations et de toutes les infortunes. Les villageoises vont ensuite accomplir leur tâche. Elle redescendent pesamment chargées ; le soleil baisse, les premières vapeurs flottent sur les prairies comme un voile magique ; elles pensent à leur ménage, à leur lessive commencée (pl. 31), à l'hiver que leur fardeau leur rappelle. Bientôt leur bourgade apparaît au loin dans le vallon ; les fumées légères, qui montent en spirales ou ondoient en longues banderolles au-dessus des toitures, annoncent que les paysannes demeurées au logis apprêtent le repas du soir.

Les enfants, les adolescentes, les jeunes filles, ont d'autres occupations, qui les rapprochent accidentellement des ouvriers forestiers. Elles cueillent des fraises, des framboises, des baies de myrtille, et en approvisionnent Strasbourg, Schlestadt, Colmar, Saverne, Mulhouse, les principales villes d'Alsace (pl. 32). Ces fruits sauvages sont mis dans des paniers de toute grandeur, afin que les ménagères puissent choisir la quantité qui leur suffit. Quoiqu'on les vende très-bon marché, ils forment une ressource pour les pauvres habitants des Vosges, et leur procurent un peu d'argent. C'est une sorte de manne que la nature fait pleuvoir dans le désert. Ajoutons qu'elle la prodigue avec une libéralité maternelle. Dans certains endroits les fraisiers revêtent le sol comme un tapis: le voyageur qui s'assied un moment, peut cueillir vingt-cinq ou trente fraises sans changer de place; il lui suffit d'allonger le bras. Et l'on sait combien les fraises des montagnes l'emportent sur les fraises des jardins. Elles parfument l'air qui les environne, la main qui les touche: à plus forte raison les gourmets leur trouvent-ils un arôme délicieux. Pour les framboisiers, ils remplacent dans les montagnes les mûriers sauvages de nos plaines. Tous les chemins en sont bordés, toutes les clairières en foisonnent: ils sollicitent constamment le promeneur, et lui rappellent ces arbres généreux qui tendent des fruits aux passants par-dessus les murailles des jardins. Le myrtille est un petit arbrisseau, dont la taille n'excède point un demi-mètre: ses feuilles, semblables à celles du myrte, lui ont sans doute fait donner le nom qu'il porte. Ses baies bleuâtres ont la plus grande similitude avec les fruits acerbes du prunellier; mais elles sont douces et agréables. On les mange donc au dessert, dans l'Alsace et dans la Lorraine. Distillées, elles fournissent une eau-de-vie excellente, fine, suave et légèrement parfumée. Sur les hautes montagnes elles sont blanches d'abord et deviennent en mûrissant du plus beau pourpre.

Les bûcherons cependant ont fini de couper les arbres. Une autre tâche commence alors pour eux (pl. 42). Il s'agit d'extraire les souches. On les dégage en partie de l'humus qui les environne, puis on tranche les racines ou on fend le billot sur place avec des coins. L'opération n'est pas facile: rien d'opiniâtre comme une vieille souche; elle fait une résistance acharnée aux pauvres diables qui l'entament. Les coins de bois garnis en fer, au lieu de pénétrer dans la masse, rebondissent sous le maillet et quittent leur sillon. Les ouvriers forestiers ont besoin d'une patience à toute épreuve. J'admirais le calme d'un jeune homme au grand menton, qui donnait peu de coups sans voir ses coins sauter hors de la fissure. Son œil bleuâtre n'exprimait aucun dépit : avec un flegme imperturbable, il remettait en place les ébuards vagabonds.

— Il ne fera pas fortune, dis-je à un remonteur de traîneaux.

— Il s'y prend mal, me répliqua le charretier : ça n'a pas de jugement! Il veut enlever de trop gros éclats. Vous voyez combien cette souche est peu entamée : il y travaille depuis avant-hier. Eh bien! dans trois jours elle l'occupera encore! Si vous passez par ici, vous pourrez le voir au même endroit.

— Je serai bien loin, dans une autre montagne. Mais ne pourriez-vous lui donner des conseils?

— Je l'ai averti déjà, vous pensez bien. Il n'a pas voulu me croire. La fatigue lui servira de leçon.

Et le brave homme se remit à fumer en souriant.

Les troncs, les bûches, les fagots, les souches, les écorces, sont enfin descendus. Reste à démolir le chemin de rafton, qui serait peut-être inutile pendant huit ou dix ans. On l'attaque par la tête, et l'on conduit les matériaux dans la vallée, au fur et à mesure qu'on les déplace. La voie ligneuse seconde ainsi ceux qui la détruisent, emblème de toutes les dominations politiques. Ce dernier travail terminé, le schlitteur retourne auprès de sa femme et de ses enfants, se délasse quelques jours de sa tâche herculéenne.

Trouve-t-il au seuil de sa maison la joie et l'abondance pour lui souhaiter la bienvenue? Hélas! non. Ses bénéfices ont été dépensés jour par jour. Deux francs de salaire quotidien rendent les économies difficiles : ce n'est pas en vue des schlitteurs que les caisses d'épargne ont été fondées. Seuls, ils se tireraient encore d'affaire, mais presque tous ont une nombreuse famille. Les pommes de terre continuent donc à former leur aliment invariable : ils ont seulement la ressource d'y mêler un peu de lait. Voilà le festin par lequel ils célèbrent leur retour!

Comment ces pauvres montagnards acceptent-ils une pareille profession? Comment, pour un si maigre salaire, bravent-ils de pareils dangers? D'où vient qu'on ne les paie pas mieux? Un esprit supérieur, un sage ministre, a déjà répondu à ces questions en 1788; dans son livre *De l'importance des opinions religieuses*, Necker dit effectivement : « Voulez-vous savoir quel principe sert de mesure aux salaires? Il ne consiste point dans une proportion réelle entre le travail et la récompense. Si l'on consultait uniquement les lumières de la raison et de l'équité, personne, je crois, n'oserait prononcer que le plus étroit nécessaire physique est le véritable prix d'un travail pénible, qui commence à l'aube du jour et ne finit qu'au coucher du soleil: on ne pourrait soutenir, qu'entouré de son luxe et au sein d'une molle oisiveté, le riche ne dût accorder aucune autre rétribution à ceux qui vouent leur temps et leurs forces à grossir ses revenus, à multiplier ses jouissances. Ce n'est donc point sur des principes et des rapports établis par une raison naturelle ou réfléchie que le salaire de la multitude des hommes a été fixé; c'est un traité de force et de contrainte, qui dérive uniquement de l'empire de la puissance, et du joug que la faiblesse est obligée de subir. Le possesseur d'un vaste domaine verrait toutes ses richesses s'évanouir, si des serviteurs nombreux ne venaient pas labourer ses terres, les remuer d'un bras vigoureux, et rapporter dans ses greniers les productions diverses qu'ils recueillent pour lui chaque année; mais comme le nombre des hommes sans propriété est immense, leur concurrence et le besoin pressant qu'ils ont de travailler pour vivre, les obligent à recevoir la loi de celui qui peut, au sein de l'aisance, attendre paisiblement leurs services; et il résulte de ces relations habituelles entre le riche et le pauvre, que le salaire de tous les travaux grossiers est constamment réduit au terme le plus extrême, c'est-à-dire à la récompense suffisante pour satisfaire journellement aux besoins les plus indispensables.

« Ce système posé, s'il était possible que, par une révolution de la nature, l'homme vécût et conservât ses forces sans destiner chaque jour quelques heures au repos et au sommeil, il est hors de doute qu'on lui demanderait en peu de temps un travail de vingt heures, pour le même prix accordé maintenant à un travail de douze[1]. »

La pauvreté des montagnards leur a sans doute inspiré plusieurs légendes, qu'ils se transmettent de génération en génération. Telle est la ballade intitulée: *La mendiante de Bilstein.* La pauvre créature avait passé la nuit sur la mousse et plus d'une fois regardé le ciel noir, à travers les branches des

[1] Pages 239 et 240.

sapins. Quand le jour éclaira la vallée, le comte de Bilstein parut, escorté de sa meute et de ses piqueurs: «Ayez pitié de moi, mon jeune seigneur; j'ai si faim et si froid!» Le comte saisit une pierre, en maugréant, et la jette dans le tablier de la malheureuse femme. Et il rit à gorge déployée de son cruel badinage. Les piqueurs poussent des hourras, le cor fait résonner les montagnes. Mais la mendiante se lève transportée de colère: «Va, dit-elle, va, misérable sans cœur; poursuis gaîment ta chasse; tu seras peut-être moins joyeux au retour.» Entraîné par son ardeur, le comte chasse pendant trois jours; ses forces s'épuisent enfin, il songe à regagner son manoir. D'où vient qu'il est pris d'inquiétude? Il marche trois jours encore et, le soir, il voit au loin l'éminence que couronnait son château. Mais ce ne sont plus de hautes tours, ce sont des ruines fumantes qui occupent le sommet. Un ennemi mortel a profité de son absence pour envahir, pendant la nuit, le séjour mal défendu: il a escaladé les murs avec ses gens, pillé, puis incendié la demeure féodale. Le comte sent sa tête qui s'égare: il ne possède plus rien dans le monde! Comment vivra-t-il désormais? Prendra-t-il le bâton et la besace du mendiant? Sur un tertre, près du château, il aperçoit la vieille femme. «J'ai du pain en réserve pour vous,» lui dit la maigre créature. Et elle lui montre la pierre qu'il lui a jetée.

Les lieux où s'exerce l'industrie des schlitteurs sont les plus pittoresques des Vosges, puisque leur situation élevée s'oppose à la culture et empêche d'exploiter les forêts suivant la méthode usuelle. On les rencontre dans les hautes montagnes qui aboutissent au Schneeberg, que coupe le sombre défilé du Niedeck. A une lieue et demie d'Haslach, on rencontre cette gorge sauvage qu'anime un petit torrent. Sur la droite, la montagne semble composée de fragments de roche, qui roulent sous les pieds du voyageur. Quelques buissons, quelques hêtres épars maintiennent le sol en plusieurs endroits, mais l'aridité de la pierre gène leur croissance et les empêche de clouer cette superficie mobile au noyau du terrain. C'est là cependant qu'ondoie le sentier: le passage des montagnards l'a depuis longtemps affermi. Sur la gauche, le vallon présente un majestueux coup d'œil; les rochers nus tombent perpendiculairement jusqu'au fond de l'abîme; des ronces épineuses couronnent le sommet et laissent pendre leurs bras le long de cette muraille granitique. Par instants, on croirait voir une citadelle : les masses abruptes, sillonnées de crevasses pareilles à des meurtrières, s'avancent en forme de bastions. Plus loin, les deux versants se réunissent et ferment le chemin. Une impasse naturelle, une sorte de gigantesque abside termine le défilé. Quand on arrive à ce chœur lugubre, à ce morne sanctuaire d'une nef déserte, une émotion grave et forte s'empare de vous. Dans le fond de l'hémicycle, une blanche cascade raie l'obscurité des parois : on dirait les lignes d'argent que l'écume dessine sur le poitrail d'un cheval noir ou brun. A côté, un filet d'eau qui ne rencontre point d'obstacles, tombe directement dans les feuillages, comme une baguette de cristal. Au-dessus de la double chute s'élève une ruine imposante, le vieux château de Niedeck. Une seule tour reste encore debout : inclinée vers le gouffre, elle imite un nageur près de s'abîmer dans les flots. On y monte par un sentier abrupt, qui gravit la pente mobile et tourne les rochers. Mais, une fois parvenu, le tableau le plus éclatant se déroule devant vous : les innombrables éminences des Vosges, différentes d'aspect et de taille, échancrent tous les points de l'horizon, et l'on voit dans les profondeurs les nuages errer sur les courants d'air, ainsi que des îles flottantes.

Derrière le Niedeck, entre les décombres de sa vieille enceinte et le Schneeberg, à droite et à gauche de l'étroit vallon qu'il domine, une majestueuse futaie dresse ses colonnades. Les Vosges n'en renferment guère de plus belle : la chaîne de hauteurs escarpées qu'elle ombrage, du nord au sud, est mieux vêtue que Salomon dans toute sa gloire. Les sapins y grandissent environnés d'un calme profond et semblent braver les atteintes de l'homme. Mais la hache des montagnards dissipe leur confiance : les schlitteurs les saisissent, les traînent au fond des vallées, où les scieries les mettent en pièces. Quelques nains ont triomphé des géants.

Les gorges sévères que commande le Donon, la vallée d'Andlau, les longues pentes qui entourent le Champ-du-Feu, le sol conique de l'Ungersberg, les plateaux et les versants étagés entre la Rothlach et la ville de Barr, sont encore de magnifiques parages, où les bûcherons et les schlitteurs travaillent tous les ans, soit d'un côté, soit d'un autre. Mais les sites aimés du sapin et du hêtre deviennent de plus en plus accidentés, de plus en plus majestueux, quand on s'avance vers le midi. On trouve alors la pittoresque vallée de Sainte-Marieaux-Mines, qui grimpe entre plusieurs chaînes de hauteurs parallèles, rangs de montagnes dressés sur des montagnes, et descend avec elles à ses deux extrémités. Les nappes de verdure qu'elles déroulent dans les airs, bien loin au-dessus de votre tête, produisent un effet imposant. Quels voiles de frêles vapeurs y bercent les souffles de l'automne! Avec quelle grâce y défilent des bandes de nues légères, comme une procession de sylphes laissant traîner leurs robes blanches! J'ai vu là un phénomène admirable. Une épaisse brume s'était condensée lentement sous les rameaux des bois, pendant la fraîcheur du matin. Lorsque la chaleur augmenta, elle sortit de sa prison et déborda de toutes parts. Une immense forêt sembla fumer comme si elle était la proie d'un incendie!

En continuant à cheminer vers le sud, on atteint le pays de Gérardmer, le Hohneck, les ballons ou, pour mieux dire, les dômes de Soultz, d'Alsace, de Comté, de Rothabach; on voit se creuser, serpenter les admirables vallons de Munster, de Saint-Amarin, de Thann, de Massevaux; on est dans la partie la plus élevée, la plus poétique des Vosges. Il faut que je m'arrête ici, car autrement je ne sais où mes souvenirs pourraient m'entraîner.

Les hautes futaies qui couvrent ces montagnes, sont loin d'appartenir toutes au gouvernement. Les communes d'Alsace en possèdent le plus grand nombre; le reste forme des propriétés particulières. J'étais surpris, je l'avoue, d'entendre dire : « Cette montagne vient d'être vendue: elle appartient depuis trois jours à Monsieur un tel. » Un cône de mille mètres, avec ses granits, avec ses forêts séculaires, acheté, cédé, comme un meuble, comme une pièce de toile, c'est étrange! Les propriétaires seuls doivent trouver cela tout naturel. Les bois que la ville de Strasbourg exploite, lui rapportent 25,000 fr. de rente; mais, par des coupes extraordinaires, elle en tire, depuis quelques années, 60,000. Les forêts des Vosges sont souvent des occasions de procès entre les communes. Barr et Strasbourg ont plaidé cinquante ans pour un district chargé de hêtres et de sapins. Ces contestations traînent presque toujours en longueur. Pendant le litige, les arbres poussent, et les vainqueurs ne regrettent pas le temps écoulé. Les hommes de loi n'y perdent rien non plus, de sorte qu'ils ne hâtent nullement la décision des tribunaux. Un avocat, dont on m'a dit le nom, soutenait ainsi, avec une lenteur prudente et lucrative, les intérêts d'une commune. Il prolongeait depuis un grand nombre d'années ce profitable débat qu'il espérait ne voir jamais finir. Aussi donna-t-il la cause à son fils en cadeau de noces, comme un revenu infaillible qui assurerait la prospérité du nouveau ménage. Mais il avait compté sans le zèle irréfléchi de la jeunesse. — Oh! mon père, que je suis content! lui dit un jour le Démosthène futur. Quel honneur pour moi! Comme vous allez me féliciter! — Sachons d'abord de quoi il s'agit. — Eh bien! mon père, ce procès qui dure depuis trente ans, qui vous a occasionné tant de fatigues et que l'on croyait interminable..... — Que vas-tu me dire? — Embrassez-moi, je l'ai gagné! C'est une affaire faite. — C'est une cause perdue, s'écrie le vieil orateur, et une cause excellente! Malheureux, tu viens de te ruiner!

A l'industrie des bûcherons et des conducteurs de traîneaux se rattachent plusieurs industries que l'on exerce dans les montagnes. Les *marnageurs* écorcent les troncs d'arbre, les équarrissent pour la scierie, pour le bâtiment (pl. 23). Du dépôt général, les bois de construction et les bois de chauffage sont péniblement voiturés dans les plaines, dans les principaux vallons des montagnes, et arrivent souvent fort loin du sol où grandissaient les arbres terrassés. On y emploie, suivant les lieux, des bœufs ou des chevaux (pl. 37 et 38). C'est encore une fatigante opération. Les schlitteurs abandonnent les solives et les bûches bien avant que le terrain soit uni : les quadrupèdes ont fort à faire pour les tirer de là, pour gravir les montées rapides et descendre avec précaution les pentes dangereuses, par des chemins souvent peu commodes. Une grande partie des madriers cependant font un court voyage : on les mène à l'usine qui les débite en planches.

Les scieries occupent, en général, des endroits très-pittoresques et ne manquent pas elles-mêmes d'un certain charme poétique, avec leurs eaux qui grondent dans des conduits, avec leurs roues éplorées, avec leurs toits qui fument au milieu de la verdure. Elles sont toujours placées près d'un torrent, loin des villages et des hameaux. Le mécanisme en est fort simple ; par un double mouvement, il fait travailler la scie et rouler à l'encontre le chariot où l'on fixe les poutres (pl. 35). On ne le laisse chômer ni les fêtes, ni les dimanches, ni le jour, ni la nuit. Deux hommes se relaient pour lui fournir sa proie. Son bruit monotone se mêle au grave murmure de l'onde sauvage, qui écume parmi les rochers, aux symphonies des bois, aux lamentables clameurs de l'épervier, de la buse et du milan. Dès que l'ombre enveloppe les montagnes, la lampe des scieries projette ses rayons à travers les rameaux, comme un phare conducteur, comme une étoile propice allumée dans le désert pour les voyageurs égarés.

Le transport des planches et le recolement ou procès-verbal des gardes forestiers, attestant que la coupe a été faite suivant leurs indications (pl. 41), terminent cette longue série de labeurs. Les planches sont quelquefois traînées sur des schlittes (pl. 36) pendant un certain trajet, puis placées sur des chariots allemands à quatre roues, nommés *langwagen* (pl. 39). Le fouet claque de nouveau: les objurgations des charretiers l'accompagnent et sont quelquefois répétées de la manière la plus étrange par des échos lointains. Les conducteurs d'Alsace toutefois ne prodiguent point les jurons, les coups, les reproches, les clameurs furieuses, comme les charretiers des autres provinces de France. Ils appartiennent à la race germanique et luttent avec un certain flegme contre les accidents, contre les difficultés du terrain.

Mais, autant que possible, on emploie les cours d'eau à transporter les solives et les planches. «Les rivières sont des chemins qui marchent et mènent où l'on veut aller,» a dit Pascal. Leur secours n'est jamais plus utile que pour les grands fardeaux. Elles sont seulement très-rares dans les montagnes: la pente du sol précipite les flots qui jaillissent des sources, qui s'amassent dans les vallées, qui cheminent en grondant et en écumant vers les plaines. Ils forment donc partout des torrents plus ou moins considérables. Pour que ces torrents puissent porter un radeau, on est contraint d'y établir des barrages de distance en distance. Au milieu se trouve une écluse: l'eau monte derrière et tombe en cascade par-dessus la digue. Lorsqu'un train arrive (pl. 40), on ouvre subitement l'écluse, et l'onde se précipite avec fureur dans le détroit qu'on lui abandonne. Mais il y a péril que le radeau ne se brise contre les poteaux et les bords de ce canal. Des hommes munis de gaffes le manœuvrent donc, l'empêchent de heurter. Il leur faut une grande habitude de se tenir en équilibre, pendant que la lourde masse glisse sur l'impétueux courant. Des ais cintrés en forme de pont leur servent à se cramponner, quand la force de l'impulsion les lancerait dans la rivière. C'est ainsi que l'on prépare, que l'on mène à destination les matériaux dont se servent les charpentiers, les menuisiers, les ébénistes. En leurs chaudes maisons, bien parquetées, bien meublées, les citadins ne se doutent guère des peines qu'il a fallu pour leur procurer une petite partie du confortable où ils se dorlotent.

L'automne est, par excellence, la saison du schlittage : il réunit les conditions de température qu'exige ce rude labeur. Les premiers flocons de neige arrêtent les traîneaux. Les conducteurs rentrent alors définitivement chez eux, car l'hiver ne ménage point les montagnes. Ils font, pour gagner leur subsistance, quelques travaux secondaires : ils tissent des rubans de fil, taillent des sabots, des cuillers de bois, fabriquent des salières, des jouets d'enfants, des boîtes à fromage et des boîtes de baptême. Cependant la neige s'accumule au dehors; elle efface les routes, elle assiége les maisons. Le vent hurle dans les bois, dans les vallées, déracine quelquefois les arbres. Emprisonnés sous la glace, les torrents ne gémissent même plus. Les sapins chargés de frimas se dressent partout comme des légions de fantômes. Si un rayon de soleil fond la première couche de neige qui alourdit leurs rameaux, elle gèle par-dessous en longues stalactites, aussi transparentes que le cristal. La forêt tout entière semble verser des pleurs. C'est un spectacle d'une tristesse et d'une majesté infinies, l'emblème d'un désespoir sans bornes. Il nous conseille de fuir au plus vite la montagne : laissons le schlitteur bourrer son poêle et rentrons dans nos villes, moins maltraitées par l'inclémence du ciel.

OUVRAGES DE M. ALFRED MICHIELS :

Études sur l'Allemagne, renfermant une histoire de la peinture allemande. 2 vol. in-8°.

Histoire des idées littéraires en France au XIXe siècle et de leurs origines dans les siècles antérieurs . . . . 2 vol. in-8°.

Souvenirs d'Angleterre . . . . 1 vol. in-8°.

Histoire de la peinture flamande et hollandaise . . . . 4 vol. in-8°.

Les peintres brugeois . . . . 1 vol. in-18.

Rubens et l'école d'Anvers . . . . 1 vol. in-8°.

Catalogue des œuvres de Rubens, avec l'indication des endroits où elles se trouvent . . . . broch. in-8°.

L'architecture et la peinture en Europe du Ve au XVIe siècle . . 1 vol. in-18.

La cabane de l'Oncle Tom, traduction complète, avec une notice biographique sur l'auteur, 4e édition . . . . 1 vol. in-18.

Le capitaine Firmin ou la vie des nègres en Afrique . . . . 1 vol. in-18.

Le nouveau péché originel . . . . 1 vol. in-32.

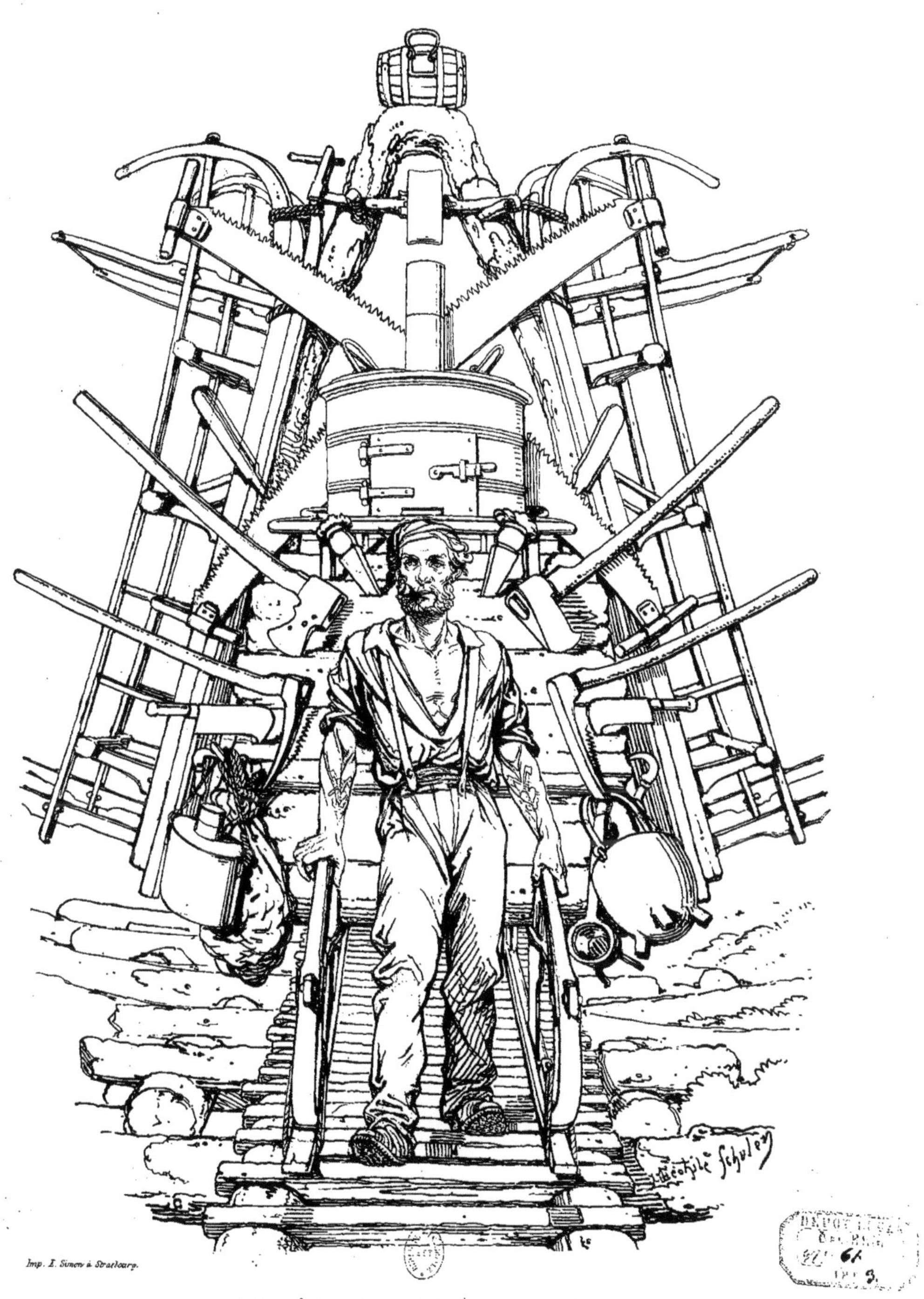

Imp. E. Simon à Strasbourg.

LE BÛCHERON ET SES OUTILS.

Strasbourg, chez E. Simon, Éditeur.

Imp. E. Simon à Strasbourg.

L'ARPENTAGE D'UNE COUPE.

Strasbourg chez E. Simon, Éditeur

Pl. 3.

Imp. L. Simon à Strasbourg.

MARTELAGE.

Strasbourg, chez L. Simon, Éditeur.

Imp. E. Simon à Strasbourg.

ÉBRANCHAGE.

Strasbourg, chez E. Simon, Éditeur.

Pl. 5.

Imp. E. Simon à Strasbourg.

ABATAGE.

Strasbourg, chez E. Simon, Éditeur.

Imp. E. Simon à Strasbourg.

ABATAGE.

Strasbourg, chez E. Simon, Editeur.

Imp. E. Simon à Strasbourg.

LA CHÛTE.

Strasbourg, chez E. Simon, Éditeur.

Imp. L. Simon à Strasbourg.

ÉCORÇAGE, NETTOIEMENT, FAÇONNAGE DES TRONCES ET DU BOIS DE CHAUFFAGE.

Strasbourg, chez Y. Simon, Éditeur.

Imp. E. Simon à Strasbourg.

FAÇONNAGE DE FAGOTS.

Pl. 10.

Imp. E. Simon à Strasbourg

VIDANGE DES TRONCES AVEC L'AVANT TRAIN.

Strasbourg, chez E. Simon, Editeur

Pl. 11.

Imp. E. Simon à Strasbourg.

SCHLITTAGE DES TRONCES.

Strasbourg chez E. Simon, Editeur.

Imp. E. Simon à Strasbourg.

VIDANGE DES BOIS DE CONSTRUCTION.

Strasbourg, chez E. Simon, Editeur

Pl. 13.

Imp. L. Simon à Strasbourg.

CHARGEMENT DES SCHLITTES.

Strasbourg, chez L. Simon, Éditeur.

Imp. E. Simon à Strasbourg.

SCHLITTAGE DU BOIS DE CHAUFFAGE.

Strasbourg, chez E. Simon, Éditeur.

Imp. E. Simon à Strasbourg.

SCHLITTAGE DES FAGOTS.

Strasbourg, chez E. Simon, Éditeur.

SCHLITTAGE DES ÉCORCES.

SCHLITTAGE DES TRONCES DE 4 MÊTRES.

Imp. E. Simon à Strasbourg

SCHLITTAGE DES TRONCES DE 6 MÊTRES.

Strasbourg, chez E. Simon, Éditeur.

Imp. F. Simon à Strasbourg.

SCHLITTAGE DES BOIS DE CONSTRUCTION.

Strasbourg, chez F. Simon, Editeur.

SCHLITTAGE DES PIERRES.

Imp. E. Simon à Strasbourg.

UN MALHEUR.

Strasbourg, chez E. Simon, Editeur.

Imp. E. Simon à Strasbourg

LE SIGNE D'UN MALHEUR.

Strasbourg, chez E. Simon, Editeur.

Pl. 23.

Imp. R. Simon à Strasbourg. Théophile Schuler

DÉCHARGEMENT DES SCHLITTES AU CHANTIER ET CHARGEMENT DES TRONCES POUR LA SCIERIE.

Strasbourg, chez R. Simon, Editeur.

Imp. E. Simon à Strasbourg.

RETOUR DES SCHLITTEURS A LA COUPE.

Strasbourg, chez E. Simon, éditeur.

Pl. 25.

INTÉRIEUR D'UNE BARRAQUE.

Imp. F. Simon à Strasbourg.

FABRICATION DE SCHLITTES.

Strasbourg chez F. Simon, Editeur.

Imp. E. Simon à Strasbourg.

BARRAQUE DE SCHLITTEURS.

Strasbourg, chez F. Simon Éditeur.

Pl. 28.

Imp. E. Simon à Strasbourg.

BARRAQUE DE BÛCHERONS.

Strasbourg, chez E. Simon, Éditeur.

Pl. 23.

LA MÈRE MARIE,
MARCHANDE DE KIRSCH.

LE PÈRE SCHÆFFER,
FOURNISSEUR DE PAIN DES SCHLITTEURS.

Pl. 30.

Imp. F. Simon à Strasbourg

UN JOUR DE PERMISSION A LA FORÊT.

Strasbourg, chez F. Simon, Éditeur.

Imp. F. Simon à Strasbourg

LA LESSIVE.

Strasbourg, chez F. Simon, Editeur.

Pl. 32.

Imp. F. Simon à Strasbourg

LES PETITES INDUSTRIES DANS LE BOIS.

Strasbourg, chez F. Simon, Éditeur

Pl. 33.

Imp. E. Simon à Strasbourg.

LA SOUPE.

Strasbourg, chez F. Simon, Éditeur.

Pl. 34.

Imp. E. Simon à Strasbourg.

LA SIÉSTE.

Strasbourg, chez E. Simon, Éditeur

Pl. 35.

Imp. E. Simon à Strasbourg.

LA SCIERIE.

Strasbourg, chez E. Simon, éditeur

Pl. 36.

Imp. E. Simon à Strasbourg.

TRANSPORT DES PLANCHES.

Strasbourg, chez E. Simon, Editeur

Pl. 37.

Imp. F. Simon à Strasbourg.

Théophile Schuler

SORTIE DU BOIS DE CHAUFFAGE.

Strasbourg, chez E. Simon Editeur.

Imp. E. Simon à Strasbourg.

TRANSPORT DES BOIS DE CONSTRUCTION.

Strasbourg, chez T. Sinte, Editeur.

Imp. F. Simon à Strasbourg.

TRANSPORT DES PLANCHES.

Strasbourg, chez F. Simon, Éditeur.

Imp. E. Simon à Strasbourg.

FLOTTAGE DES PLANCHES.

Strasbourg, chez E. Simon, Editeur.

Pl. 41.

Imp. E. Simon à Strasbourg.

LE RECOLEMENT.

Strasbourg, chez J. Simon, Éditeur

Imp. F. Simon à Strasbourg.

EXTRACTION DES SOUCHES.

Strasbourg chez E. Simon, Éditeur

Imp. J. Simon à Strasbourg

UN JEUNE REPEUPLEMENT.

Strasbourg, chez J. Simon, Éditeur.

www.ingramcontent.com/pod-product-compliance
Ingram Content Group UK Ltd.
Pitfield, Milton Keynes, MK11 3LW, UK
UKHW020321250726
13967UKWH00004B/1802

9 782013 039147